New Decorated Home

新饰家丛书

大户型设计

（下）

辽宁美术出版社 编

辽宁美术出版社

设计公司／北京元洲装饰有限责任公司

设 计 者／张靖

户型结构／四居室

设计风格：新古典

面　　　积：200m²

工程估价：约18万

装修材料：大理石、瓷砖、镜子、地板等。

图书在版编目（ＣＩＰ）数据

新饰家丛书．大户型设计．下／辽宁美术出版社
编．—— 沈阳：辽宁美术出版社，2014.5
ISBN 978-7-5314-6034-3

Ⅰ.①新… Ⅱ.①辽… Ⅲ.①住宅-室内装修-建筑
设计-图集 Ⅳ.① TU767-64

中国版本图书馆CIP数据核字(2014)第085300号

出 版 者：辽宁美术出版社

地　　址：沈阳市和平区民族北街29号　邮编：110001

发 行 者：辽宁美术出版社

印 刷 者：沈阳市博益印刷有限公司

开　　本：889mm×1194mm　1/16

印　　张：4

字　　数：32千字

出版时间：2014年5月第1版

印刷时间：2014年5月第1次印刷

责任编辑：刘巍巍

封面设计：范文南　洪小冬

版式设计：刘巍巍

技术编辑：鲁　浪

责任校对：李　昂

ISBN 978-7-5314-6034-3

定　　价：32.00元

邮购部电话：024-83833008

E-mail:lnmscbs@163.com

http://www.lnmscbs.com

图书如有印装质量问题请与出版部联系调换

出版部电话：024-23835227

设计公司／北京元洲装饰有限责任公司
设 计 者／王伟哲
户型结构／三居室

设计风格：美式乡村风格
项目名称：原生墅
建筑面积：208m²
工程估价：约11万元

设计说明：

　　营造和谐、舒适、清新的空间氛围是本案设计的主要着眼点，故每个单元空间的布置均可以为业主提供轻松、舒适的休息场所。

设计公司／北京元洲装饰有限责任公司
设 计 者／刘妍
户型结构／大户型

设计说明：

　　该方案是月坛公寓一套四居室，男女主人在外企工作，并且对欧式风格情有独钟，于是整个风格的把握运用了欧式的巴洛克风格作为主导元素。进门正对的玄关用欧式石膏花线来做装饰，顶面贴金色的壁纸给小小的门厅增添了富丽堂皇的色彩。进入客厅，电视背景墙两侧的罗马柱使电视墙层次分明，地面斜拼的大理石增添了客厅的奢华感，由于房子不高，客厅顶面并没有做大面积的吊顶，只是在四周做了欧式的顶角线。

　　儿童房的墙面运用蓝白相间的条纹壁纸，能够更好地凸显孩子的活泼个性，主卫的单扇门改成了两扇带有欧式雕花的推拉门，更显大气华贵……

设计公司／北京元洲装饰有限责任
　　　　　公司
设 计 者／陈必高
户型结构／大户型

设计风格：中式风格

使用色彩系范围：米色及咖啡色系。

材料选用：墙面漆、壁纸、沙岩地砖、实木复合木地板、胡桃木饰面板等。

建筑面积：145m²

工程估价：6.4万元

设计公司／北京元洲装饰有限责任公司

设 计 者／陈必高

户型结构／大户型

设计风格：现代简约式中式

使用色彩系范围：米色及咖啡色系。

材料选用：墙面漆、壁纸、沙岩地砖、实木复合木地板、艺术玻璃、白橡木饰面板等。

建筑面积：168m²

工程估价：12.3万

设计公司／北京元洲装饰有限责任
　　　　　公司
设 计 者／陈必高
户型结构／大户型

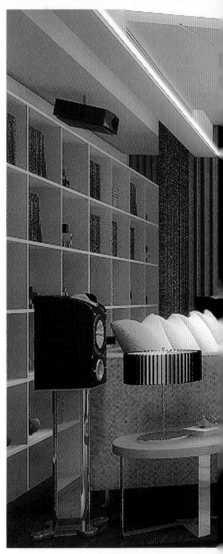

设计风格：现代简约风格
使用色彩系范围：米色及咖啡色系。
材料选用：墙面漆、壁纸、沙岩地砖、实木复合木
　　　　　地板、艺术玻璃、泰柚饰面板等。
建筑面积：245m^2
工程估价：21 万元

设计公司／北京元洲装饰有限责任公司
设 计 者／张靖
户型结构／三居室

设计风格：现代简约风格
项目名称：傲城
建筑面积：170m²
工程估价：12 万元
装修材料：瓷砖、复合地板、
　　　　　墙纸。

设计说明：

　　简约，现代是本案的定
位点，天花板及光源的设计
让空间倍增层次感。餐厅造
型墙的设计让居室变得无可
挑剔。简洁的造型元素使空
间更加舒适，温暖，静
谧……

设计公司／北京龙发装饰集团西安公司
设 计 者／刘静
户型结构／四室两厅

设计风格： 欧式田园风格

户型面积： 180m²

装饰材料： 多乐士乳胶漆、马可波罗仿古砖、实木地板、水曲柳饰面板、水曲柳实木指接板。

设计说明：

　　室内设计是建筑设计的延续，结构上的分离、重组可以使整个空间更好地融合。

　　本案设计以欧式田园为主体风格。淳朴的材质、自然的颜色、简洁的造型，无不为业主创造了一个自然、清新的居室空间。由于本案的业主经常出国，每到一处都喜欢收集不同的饰品以及工作的原因家中的书籍很多。所以需要足够的展示与储物的空间。梁与柱、曲与直的结合，在光与影的律动中，所有的饰品都显得更具生命力。

设计公司／北京元洲装饰有限责任公司
设 计 者／程为喜
户型结构／三室

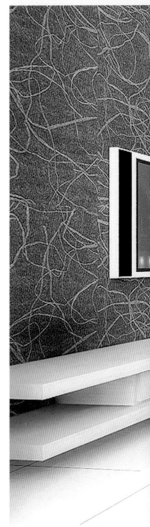

设计风格：现代简约风格

色彩范围：白色、米色、桃红色、咖啡色、粉色等。

材料选用：地砖、橱柜、布艺、烟机、木门等。

面　　积：120m²

工程估价：11.8万元

设计公司／北京龙发装饰集团沈阳公司
设 计 者／徐锋
户型结构／四室两厅

设计风格：雅致主义风格

建筑面积：156m²

工程估价：15 万元

主要材料：马可波罗砖、生活家仿古地板、硅藻土及壁纸。

设计说明：

    居住有三重境界。首先是看得见摸得着的房子，提供人们基本的生活需求；然后是看得见摸不着的环境，给人无限的感观享受；最终是看不见也摸不着的感觉，强调空间对于居住者心理方面的作用。本方案旨在通过光线、色彩、材质等视觉、嗅觉、听觉、触觉的氛围营造，创造出一种居家的雅致心情。无论是主卧室柔软的地毯，还是客厅飘逸的窗帘，都是一种无声的语言，让人"还没有出门就开始想家了"！

设计公司／北京龙发装饰集团沈阳公司
设 计 者／李剑
户型结构／三室两厅

设计公司／北京轻舟世纪建筑装饰工程
　　　　　有限公司(沈阳)分公司
设 计 者／陈本智
户型结构／三室

设计说明：

　　此方案为经典大户型的典范，大胆采用田园与中式相合璧的设计手法，玄关处的假山及室内的装饰摆设都根据科学的风水学的理论加以实践。

设计公司／北京龙发装饰集团宁波公司
设 计 者／甄珠
户型结构／平层169m²

此案坐落于浙江省宁波市春江花城小区。

此作品是以现代前卫风格为主的案例，局部空间以黑与白两色的对比来突出设计的韵味，同时以圆、方线条等造型对比表达设计中的内涵。黑与白向来就是经典的手法，但是在这里白占了绝对的优势，黑也甘心做了一次配角，成全了这个干净而又简约的空间。

整个空间的白色墙面中印着的"树枝"图案，将异度空间描述得简单大方。朦胧中若隐若现地看到了张张带有欧式气息的沙发整齐地摆放着，白色的皮沙发与黑色的镜面铺躺在水

晶珠帘前面，黑白对照，相互衬托。黑白条纹的抱枕又算是这黑与白之间的一个平稳的过度，平静如水的抛光砖好似镜面般光亮。跨空间的酒柜，既充分地将物品展示出来，又形成了从房间各个角度的全方位的展示。设计造型突出，空间利用率较高，开放式的美食生活触手可及。

用奇思妙想的轻松创意来打造了整个的室为空间，不拘小节的设计手法，前卫大胆，放开、大手笔的设计，将空间描述得简单大方。

设计公司／北京龙发装饰集团宁波公司
设 计 者／瞿志国
户型结构／大户型

新时代户型建筑面积178平方米，业主是一名成功的商业人士，为了彰显出主人的喜好和品位，在设计风格上定为美式风格。客厅和餐厅是本案的重点，设计是利用了原有建筑结构特点，从低层一直延伸到将沙发背景和电视墙造型做到了顶，既保留了原有建筑的气势又让室内空间的大气、稳重的视觉感得到延伸。深沉里显露尊贵、典雅

侵透豪华的设计哲学,营造了高贵、典雅的生活环境。餐厅通常是人们驻留时间最少但赋予功能最大的地方。此案例中餐厅的设计依然延续美式风格,严谨之中依靠配饰打乱固有的沉闷,体现古典的自由,营造了一个良好的用餐氛围。

设计公司／北京轻舟世纪建筑装饰工
　　　　　程有限公司(沈阳)分公司
设 计 者／张岩
户型结构／大户型137m²

设计说明：

　　本案为现代中式设计。在现代人快节奏的生活中，更需要一份心灵的静谧。在古式家具的衬托下，空间的稳、大、静的感觉跃然而出，青砖青瓦的墙面让人心灵有一种回归的美，再加上壁纸的"柔"，整合的恰到好处。影视墙上的茶镜，是本案比较巧妙的一个装饰，茶镜的后面是储藏空间，本案在设计上隐藏了储物空间的零乱，又增大了空间的开阔性，"一举两得"。

设计公司／北京龙发装饰集团沈阳公司
设 计 者／李菲
户型结构／四室两厅

设计公司／北京龙发装饰集团沈阳公司
设 计 者／李丽
户型结构／三室两厅两卫

建筑面积：130m²
主要材料：墙纸、茶色镜片、烤漆玻璃、防腐木、玻璃砖等。

设计说明：

　　本套设计方案是现代简约风格，突出业主对时尚的一种追求与向往。在不影响房屋结构的同时，我在设计方案时对墙体做了一些更巧妙的调整，使空间变得更加合理化、功能更细分化、更加人性化。客厅材料的运用和现代感很强的家具对比更彰显了主人时尚的个性和对生活的超前意识。而墙面壁纸的使用使整个空间增添了温馨与浪漫的韵味。电视背景墙的设计采用了彩色透明玻璃配上水晶的珠帘，使客厅与书房空间延伸感更强。

　　餐厅的设计将柔和的灯光照

明使整个空间更加温馨与浪漫。墙壁的一角采用竹子和条案加以点缀更别具一格，给人以清新回归自然的感觉，使人在轻松愉悦的环境下更好地去享受美味佳肴。而在卫生间的设计上大胆的超前意识更张扬了主人对生活上的一种高品质的追求与享受，防腐木和玻璃砖的搭配与融合更加显示出与众不同的旋律。

设计公司／北京龙发装饰集团沈阳公司
设 计 者／张雨竹
户型结构／大户型120m²

设计公司／北京龙发装饰集团沈阳公司
设 计 者／李雅轩
户型结构／三室两厅

设计说明：

　　本案为110平方米三室两厅一卫户型，框剪结构，新建清水房。因原户型格局比较合理，所以设计师对原布局没有进行太大的改动。

　　本套设计方案主旨在于打造一个现代简洁的家居环境，所以在空间墙面、顶面、地面均采用了现代简洁的装饰手法，墙面局部装饰壁纸，地面满铺半亚光通体砖，顶面因为举架的关系没有设计过多的吊顶,使整个空间看上去更加的温馨舒适。

　　书房的格局有些紧凑，设计成开放式的会更好一些，也能更好地与客厅和餐厅融为一体。

　　一切都是那么自然，现代而内敛，现代中渗透浓郁的"书香"气息彰显主人的时尚品位，让生活如此的轻松和随意，诠释"家"的真实内容。

设计公司／北京龙发装饰集团
　　　　　沈阳公司
设 计 者／陈明
户型结构／大户型

设计公司／北京龙发装饰集团沈阳
　　　　　公司
设 计 者／张庆宇
户型结构／三室两厅

实用面积：150m²
工艺做法：混油工艺
主要建材：仿古砖、现代壁纸、工
　　　　　艺玻璃、复合地板。
设计说明：

　　本案设计是以港式现代风格
为主导,迎合现代人追求简约、时
尚的生活理念,融入简练、大气的
设计手法,用沉稳、和谐的颜色将
简约的居室打造得更富有内涵,
而色调凝重的壁纸,高贵而时尚
的茶色镜片,黑白相应的现代家
具,无一不体现都市人完美的现
代家居生活方式。

　　设计要有灵魂!

设计公司／北京轻舟世纪建筑装饰工
　　　　程有限公司(沈阳)分公司
设 计 者／王刚
户型结构／大户型 158m²

设计说明：
　　此方案是以现代设计与复古材料的搭配
体现出室内空间分区的区别，给人一种舒适、
坚固、华丽的感觉。

设计公司／北京轻舟世纪建筑装饰工
程有限公司(沈阳)分公司
设 计 者／李闯
户型结构／大户型138m²

设计说明:

　　本方案主基调以木色为主,迎合了老年业
主喜好。整体造型大方得体,传统与现代得到完
美融合。

设计公司／北京轻舟世纪建筑装饰工
　　　　程有限公司(沈阳)分公司
设 计 者／李闯
户型结构／大户型 150m²

设计说明：

　　本方案时尚、个性、现代。大胆地使用重色，贴近港式设计。运用玻璃砖做隔断，成为整套设计的亮点。

设计公司／北京轻舟世纪建筑装饰工程
　　　　　有限公司(沈阳)分公司
设 计 者／吴继红
户型结构／大户型

设计公司／北京轻舟世纪建筑装饰工
　　　　程有限公司(沈阳)分公司
设 计 者／张岩
户型结构／大户型

本案为地王国际178平方米户型。房主是位私营企业的老板。在整体的设计风格上主要以乡村休闲风格为主。电视背景墙面移门的灵活运用是本案的点睛之处。书房和餐厅的多功能墙体，让空间更显灵动。